미래 세대를 위한

우리 새
이야기

❖ 일러두기

1   이 책에서는 새들의 다양한 생김새, 생활 방식, 번식, 이동, 보호 등에 대해 청소년의
    눈높이에 맞추어 최대한 쉽게 설명했습니다.

2. 전문가들이 사용하는 학술적인 용어나 복잡한 이론보다는 새에게 관심을 가질 수 있
    도록 재미있는 이야기 형태로 풀어서 설명하고자 노력했습니다.

3. 새의 분류와 생태는 아직 밝혀지지 않은 것이 많고 학자와 연구자마다 의견이 다를
    수 있지만 두루 알려진 내용을 위주로 구성했습니다. 또한, 생물의 세계에는 항상 예
    외가 있다는 점을 고려해서 이해해야 합니다.

4. 우리나라에서 볼 수 있는 새를 위주로 구성했으며, 새의 이름은 국가생물종목록(환
    경부, 2022)을 기준으로 삼았습니다.

5. 새 사진을 찍으려면 오랜 기다림과 노력이 필요합니다. 야외에서 찍은 소중한 사진
    을 제공해 주신 최순규, 허위행, 조성식 선생님께 감사드립니다.

미래 세대를 위한

우리 새
이야기

글·사진 **김성현**

철수와영희

새가 살 수 없는 세상은
사람도 살 수 없어

어릴 적 우리 동네에는 새들이 겨울을 나는 주남 저수지가 있었어. 그리 넓지는 않았지만 물 위에는 새들로 가득 차 있었지. 하늘을 마음껏 날던 새들의 모습을 지금도 잊을 수 없어. 그때부터 새에 대한 관심이 시작되었던 것 같아.

새를 만나려고 전국 방방곡곡 가지 않은 곳이 없어. 새를 만나는 여행은 더할 나위 없이 좋았거든. 하지만 새는 보고 싶다고 볼 수 있는 게 아니었지. 새를 잘 알지 못하면 가까이 가기 어렵거든. 새를 배려할 줄 알아야 더 친해질 수 있어. 그래서 새는 보러 가는 것이 아니라 만나러 가는 것이라고 생각해.

예전에는 차로 갈 수 없는 길이 많아서 새를 만나기가 쉽지 않았어. 가는 길은 험난했지만 그래도 새들이 참 많았던 것 같아. 지금은 넓은 도로가 많아진 데다 웬만하면 차로 어디든 갈 수 있어서 새를 보러 가기가 수월해졌어. 정작 새는 많이 줄어들었지만 말이야.

"새가 살 수 없는 세상은 사람도 살 수 없다"라는 말이 있어. 생태계의 최고 소비자 위치에 있는 새가 사라진다는 것은 먹이사슬의 연결고리가 끊어진다는 것을 의미하거든. 새들을 보호하지 않으면 우리도 살아가기 힘들지 몰라.

새들을 보호하는 방법은 여러 가지가 있겠지만 가장 쉽고 당장 실천할 수 있는 것은 바로 새에게 관심을 가지는 거야. 관심을 가지면 새를 알게 되고 배려하는 마음이 자연스럽게 생기게 되거든. 이 책을 보고 새에 관심을 가지는 사람이 많아지면 좋겠어. 그래서 어려운 이야기가 아니라 쉬우면서 다양한 이야기를 들려주고 싶어.

첫 번째는 새들의 다양성에 대한 이야기야. 새 이름의 유래와 학명, 크기와 부리, 발 모양 등의 다양함, 감각 기능이나 살아가는 방식 등을 소개할게. 두 번째는 번식에 대한 이야기야. 짝을 만나서 둥지를 짓고 알을 낳아 새끼를 키우는 과정까지, 새 생명을 탄생시키는 과정을 들려줄게. 세 번째는 하늘을 날 수 있는 신체 구조와 비행 기술, 철새가 이동하는 이유 등을 소개할게. 네 번째는 계절의 변화에 따라 찾아오는 겨울새, 여름새, 나그네새, 길 잃은 새와 일 년 내내 머무르는 텃새에 대한 이야기를 들려줄 거야. 마지막 이야기는 새를 연구하는 법과 새를 만나는 데 필요한 것, 새를 보호해야 하는 이유를 들려주려고 해.

새들을 만나는 일이 직업이라 정말 고맙고 행복해. 새들을 만나면 마음이 편안해지거든. 이런 행복한 마음을 많은 사람들과 나누고 싶어. 이 책 한 권으로 새에 대한 모든 궁금증이 풀리길 원하는 건 아니야. 그저 새들에게 관심이 생겨서 더 궁금증이 많아지면 좋겠어. 그리고 새들에 대한 관심과 배려하는 마음이 생기길 꼭 바랄게.

새들과 함께 살아가는 세상을 꿈꾸며
2023년 9월 김성현

1

이야기 하나:

새들의 다양성

첫 번째는 새들의 다양함에 대한 이야기야.
새들은 종류만큼이나 생김새도 다양하고
먹이나 생활 방식도 다양해.
새의 이름을 짓는 방법이나 신체 구조의 다양함까지
경이로울 정도로 신기하고 다채로운
새들의 여러 가지 모습을 함께 알아볼 거야.

너의 이름은

우리나라에 얼마나 다양한 새가 찾아오는지 아니? 산과 들, 하천, 그리고 바다에 있는 수많은 섬, 이처럼 생태계가 다양한 데다 철새의 이동 경로에서 중심에 위치해 있어서 공식적으로 기록된 새만 해도 550종이 훨씬 넘지. 이러한 새들은 저마다 이름이 있어. 친구들이 알고 있는 새 이름은 몇 개나 될까?

다양한 새의 이름을 지어 주는 것도 쉬운 일은 아닌 듯해. 새들의 이름은 어떻게 지어졌을까? 우선, 생김새의 특징을 보고 이름을 짓는 경우가 많아. '부리가 큰 까마귀'라는 뜻에서 지어진 큰부리까마귀처럼 말이야. '뻐꾹뻐꾹' 우는 뻐꾸기나 방울 소리를 내는 방울새처럼 울음

생김새의 특징으로 이름 지어진 **큰부리까마귀**

울음소리의 특징으로 이름 지어진 **방울새**

오래전부터 이름 불린 **박새**

사는 곳의 특징으로 이름 지어진 **물닭**

행동의 특징으로 이름 지어진 **저어새**

흔히 뱁새라 불리는 **붉은머리오목눈이**

아름다운 우리 텃새, **노랑턱멧새**

소리의 특징을 따라서 짓기도 하지. 물닭이나 바다꿩처럼 사는 곳에 따라서 짓기도 해. 물을 저으면서 먹이를 찾는 저어새처럼 행동의 특징에 따라 짓기도 하고, 정확한 이유는 알 수 없지만 박새처럼 오래전부터 그렇게 불려 온 이름도 있어.

새마다 공식적인 이름이 있지만 지역에 따라 다르게 불리거나 예전부터 다른 이름으로 불리는 새들도 있어. '뱁새가 황새를 따라가면 다리가 찢어진다'는 속담에 나오는 뱁새의 공식 이름은 붉은머리오목눈이야. 흔히 학이라고 부르는 새도 공식 이름은 두루미지. 익숙한 이름일 수도 있지만 한 종의 새를 여러 가지 이름으로 부르면 혼동이 생길 수 있어.

새를 비롯해 생물의 이름은 나라마다 달라. 나라마다 사용하는 언어가 다르기 때문에 어쩔 수 없지. 그래서 세계의 학자들은 공통으로 사용할 수 있는 이름을 함께 지었어. 이것을 세계 공통의 생물 이름인 학명이라고 해. 예를 들어 노랑턱멧새의 학명은 *Emberiza elegans*야. 학명은 두 개의 단어가 합쳐진 라틴어로 짓지. 국제동물명명규약에 따른 약속이기 때문에 꼭 지켜야 해. 앞의 단어는 그 종과 비슷한 무리를 나타내는 속명으로 *Emberiza*는 멧새류라는 뜻이야. 뒤의 단어는 종명을 나타내는데, 이 두 개의 단어가 합쳐져 노랑턱멧새의 학명이 되는 거지.

크기가 제각각

세계에는 약 1만 종의 새가 있어. 종이 다양한만큼 생김새도 다양해. 사람보다 큰 새부터 곤충처럼 작은 새까지 참으로 다양하지. 가장 큰 새는 바로 아프리카의 타조야. 사람보다 훨씬 커서 270센티미터나 되는 타조도 있다고 해. 몸무게는 무려 150킬로그램이나 되지. 이렇게 키가 큰 이유는 넓은 초원에서 천적을 빨리 발견하기 위해서야. 눈도 엄청 커서 지름이 약 5센티미터나 되지. 육지에서 눈이 가장 큰 동물이란

우리나라에서 가장 키가 큰 새, **두루미**

우리나라에서 가장 무거운 새, **혹고니**

다. 날지는 못하지만 대신 튼튼한 다리로 천적을 피해 요리조리 도망을 잘 다녀. 이렇게 큰 타조를 잡아먹는 포식자도 드물 것 같긴 해.

가장 작은 새는 쿠바에 사는 벌새류야. 몸길이가 5센티미터 정도인데 부리와 꽁지의 길이를 빼면 3센티미터도 채 안 되지. 타조의 눈보다도 작은 새가 있다니 놀랍지 않니? 몸무게도 2그램이 안 돼. 몸이 가벼워서 곤충처럼 공중에 멈춘 채 쉴 새 없이 날개를 파닥이면서 꽃의 꿀을 빨아 먹어.

우리나라에 사는 새들은 어떨까? 가장 키가 큰 새는 두루미야. 어른 여자의 키와 비슷하게 150센티미터가 넘는 두루미도 있어. 가장 무거운 새는 16킬로그램 정도인 혹고니야. 가장 작은 새는 상모솔새인데, 몸길이가 10센티미터도 안 되고 몸무게는 3그램 조금 넘는 정도지.

우리나라에서 가장 작은 새, **상모솔새**

부리는 편리해

새의 큰 특징인 부리는 깃털만큼 중요해. '부리가 있으니까 새'라는 말이 있을 정도란다. 부리가 있는 생물은 포유류인 오리너구리를 제외하면 새가 유일하거든. 새는 왜 입 대신 부리가 있을까? 새는 날개가 있는 대신 손이 없어서 부리가 손 역할도 할 수 있도록 진화한 거야.

사람들은 밥을 편하게 먹으려고 숟가락, 젓가락, 포크, 칼 등의 도구를 사용하지. 새들도 먹이를 편하게 먹으려고 부리를 이용해. 특히 각자가 좋아하는 먹이를 쉽게 먹을 수 있도록 부리가 진화했어. 곡식이나 열매 등의 식물성 먹이를 먹는 새는 잘 부숴 먹을 수 있도록 굵고 두툼한 부리가 있어. 작은 곤충을 먹는 새는 먹이를 잘 집을 수 있도록 부리가 가늘지. 양서류나 파충류, 포유류를 잡아먹는 맹금류는 먹이를 뜯어 먹기 쉽도록 날카롭고 튼튼한 부리가 있어.

부리는 무기가 되기도 해. 맹금류가 적을 공격할 때나 먹이를 잡을 때도 사용하지. 집을 지을 때도 사용하는데, 딱다구리류가 둥지를 지을 때는 부리로 구멍을 파고, 제비가 둥지 재료를 모을 때는 부리로 집어서 옮겨. 새끼의 먹이를 물어 나를 때도 부리를 사용해. 이처럼 부리는 손을 대신해 많은 일을 한단다.

부리에는 무거운 이빨이 없고 날아다니기 쉽도록 진화했어. 아주 오래전 중생대에는 이빨이 있는 새가 살았다는 사실이 화석으로 밝혀

솔잣새: 부리가 뾰족하고 가위처럼 생겨
열매를 비틀어서 까먹기 좋은 모양

제비딱새: 부리가 납작해서 날아다니는 곤충을
잘 잡을 수 있는 모양

오색딱다구리: 끝이 딱딱하고 뾰족해서 나무 구멍을
파기 좋은 모양

콩새: 두툼해서 단단한 곡식이나 열매를 잘 부숴
먹을 수 있는 모양

후투티: 곡괭이처럼 길고 구부러져 있어서
땅을 잘 팔 수 있는 모양

매: 끝이 날카롭고 뾰족해서 먹이를
뜯어 먹기 좋은 모양

왜가리: 길고 뾰족해서 물고기를 집어 먹기
좋은 모양

알락꼬리마도요: 아래로 길게 휘어져 있어 갯벌 속에
사는 먹이를 잡기 알맞은 모양

뒷부리도요: 위로 휘어져 있어서 모래나 갯벌 속의 먹이를 파서 들어 올리기 좋은 모양

물총새: 뾰족하고 길어서 물속에 있는 물고기를 잡기 좋은 모양

졌어. 지금은 이빨이 있는 새가 단 한 종도 없지만 말이야. 이빨이 없으면 먹이를 씹어 먹기 불편할 텐데 소화는 잘될까? 새는 모래주머니가 있어서 걱정이 없어. 모래주머니가 이빨 역할을 대신하거든. 대부분의 새는 삼킨 모래나 잔돌을 모래주머니에 채워서 먹이를 잘게 부수어 소화를 돕지. 모래를 삼켜도 소화력이 좋아서 배설물로 금방 나오니까 배탈 걱정은 안 해도 돼.

발 모양도 가지가지

새의 발은 서 있거나 걷는 등 기본적인 역할 이외에도 나뭇가지를 잡거나 먹이를 움켜쥐는 역할도 해. 물에서는 헤엄을 치거나 잠수에 사용하지. 역할이 다양한 만큼 발 모양도 가지가지야. 새의 발 모양은 사는 곳과 직접적인 관련이 있거든. 물에 사는 새들은 헤엄을 잘 칠 수 있도록 물갈퀴가 발달되었어. 나무에 사는 새들은 나뭇가지를 움켜잡기 알맞게 생겼지. 딱다구리류는 나무를 타고 잘 올라갈 수 있게 발가락이 앞뒤로 두 개씩 나누어져 있어. 다른 동물을 사냥하는 맹금류는 먹

■ 다양한 발가락 모양

오색딱다구리: 나무를 잘 올라갈 수 있도록 발가락이 앞뒤로 두 개씩 나누어져 있다.

논병아리: 발가락이 넓어서 잠수나 헤엄치기에 알맞다.

괭이갈매기: 물갈퀴가 있어 헤엄을 잘 칠 수 있다.

쇠가마우지: 비스듬한 모양의 물갈퀴는 잠수나 방향을 바꿀 때 유리하다.

물수리: 발가락이 크고 발톱이 날카로워 물고기를 움켜잡기 수월하다.

큰덤불해오라기: 가늘고 긴 발가락은 습지의 물풀 위를 걷기에 안성맞춤이다.

이를 꽉 잡을 수 있게 강한 발가락과 날카로운 발톱이 있지.

발가락 개수도 사람은 다섯 개지만 새는 보통 네 개 또는 세 개야. 가장 흔한 것은 발가락 세 개가 앞으로 나와 있고 하나가 뒤쪽을 받쳐 주는 모양이지. 이런 모양은 나뭇가지를 잡고 앉거나 사물을 움켜잡기

알맞아. 앞쪽에는 발가락 세 개가 나와 있지만 뒤쪽 발가락이 없는 새
는 육지에 살면서 걷거나 달리기 알맞은 모양이지. 앵무새나 딱다구리
처럼 발가락이 앞뒤로 두 개씩 나누어져 있는 모양은 나무에 쉽게 올
라갈 수 있어. 타조처럼 잘 달릴 수 있도록 두 개의 두꺼운 발가락만 남
기고 다른 발가락은 퇴화한 새도 있어.

다리가 매우 긴 **장다리물떼새**

다리 길이도 천차만별이야. 두루미류, 황새류, 백로류나 장다리물 떼새처럼 다리가 매우 긴 새도 있어. 칼새나 제비처럼 다리가 아주 짧고 연약한 새도 있지. 땅에 거의 내려오지 않고 걸어 다닐 일도 드물기 때문이야. 이처럼 새의 발가락은 다양한 환경에 맞추어 살아갈 수 있도록 여러 가지 모양으로 진화했단다.

배가 땅에 닿을 만큼 다리가 짧은 **제비**

깃털 같은 내 옷

깃털을 가진 동물은 새밖에 없어. 다른 동물과 구별되는 가장 큰 특징이지. 깃털처럼 가볍다는 말을 들어 본 적이 있니? 날아갈 때 몸무게를 최소화하려고 가벼운 거야. 그렇지만 몸을 보호하기 위해 단단하기도 해. 벌새처럼 깃털이 1천 개 이하인 새도 있지만 고니류처럼 깃털이 2만 5천 개 이상인 새도 있어.

깃털은 생김새나 역할에 따라 여러 가지로 구분할 수 있어. 겉모양을 결정하는 날개깃, 꽁지깃, 몸깃과 주로 보온 역할을 하는 솜깃으로 크게 나눌 수 있어. 사람의 옷과 비교되는 깃털은 많은 기능을 하지.

날개깃은 비행에 직접적인 역할을 해. 하늘에 떠 있는 힘을 만들고, 방향을 잡아 주거든. 다른 깃털에 비해 개수는 적지만 강하고 유연해

여러 종류의 깃털

서 날개깃 하나하나가 매우 중요해. 꽁지깃은 날 때 속도를 줄이거나 방향을 바꾸는 데 도움을 줘. 땅 위나 나무에 있을 때 몸의 균형을 잡아 주기도 하지. 때로는 구애 행동을 할 때 수컷이 암컷에게 꽁지깃을 펼쳐 보이며 뽐내기도 해.

깃털은 비행에 절대적인 역할을 하지만 그뿐만이 아니야. 몸깃은 몸을 보호하고 방수 역할을 해. 모양이나 크기가 다양하고 보호색을 띠고 있어서 천적으로부터 자신을 보호할 수 있어. 솜깃은 피부와 가장 가까운 곳에 있어서 추위를 막아 줘. 동물의 세계에서 본다면 가장 효과가 좋은 단열재인 셈이야.

댕기물떼새: 방수가 되는 깃털에 물방울이 맺혀 있다.

깃털은 방수 기능도 있다고 했지? 비를 맞는 새를 자세히 보면 깃털에 물방울이 맺혀 있어. 젖지 않기 때문이지. 깃털이 젖지 않는 이유는 바로 깃털에 기름 성분이 있어서야. 새들은 꽁지깃 안쪽에 기름샘이 있는데, 이곳에서 나오는 기름을 부리에 묻혀 깃털에 바르는 거야. 그러면 깃털에 얇은 막이 생겨 비나 눈이 와도 젖지 않아. 게다가 깃털이 하나하나 겹쳐져 있어 비가 안쪽까지 스며드는 것을 막아 주지.

새들은 감각적이야

새는 다양한 감각이 있어. 그중에 단연 으뜸은 시각이지. 하늘을 빠르게 나는 새에게는 시각이 아주 중요해. 특히 맹금류는 눈에 황반이 두 개나 있어서 사람보다 훨씬 선명하게 볼 수 있어. 황반은 망막의 가운데 부분에 있는 누르스름한 반점인데, 시력이 가장 뛰어난 부분이야. 시력도 사람보다 7~8배나 좋고 빛에도 민감해서 우리가 볼 수 없는 자

쇠부엉이: 부엉이류는 눈이 앞쪽에 있어 사람과 시야가 비슷하지만 목을 자유롭게 돌릴 수 있어 좁은 시야를 극복한다.

외선 영역의 색까지 볼 수 있지.

새는 시야도 넓어서 천적이나 먹잇감을 쉽게 발견해. 사실 새는 눈이 머리뼈에 고정되어 있어서 사람처럼 눈을 움직이기 어려워. 그래서 눈을 움직이지 않고도 넓게 볼 수 있도록 진화했지. 사람의 시야가 약 200도인데, 비둘기는 316도, 멧도요는 359도라고 해. 부엉이류는 시야가 사람과 거의 비슷하지만 대신 목을 270도나 돌릴 수 있어서 좁은 시야를 극복한단다.

청각도 비교적 잘 발달된 편이야. 청각으로 여러 가지 정보를 받아들이거든. 새들은 스스로 방어할 때나 짝을 선택할 때, 하늘을 날아갈 때도 청각에 기대어 여러 가지 활동을 해. 특히 새들은 다양한 울음소리를 내기 때문에 그 소리를 구별할 수 있는 능력은 필수야.

시각과 청각이 특별히 발달한 새들은 상대적으로 다른 감각 기능이 약해. 사람은 혀에 수천 개의 미각 세포가 있어서 미각이 잘 발달되어 있지만 새에게 있는 미각 세포는 백 개도 안 돼. 또한 후각도 새들마다 차이가 있어. 냄새를 거의 못 맡는 새들도 있지. 물론 키위처럼 후각이 뛰어난 새도 있지만 말이야. 콧구멍

이 부리 끝에 있어서 냄새를 잘 맡거든. 야행성이라서 시각은 퇴화했지만 대신 후각이 발달하도록 진화한 거야. 죽은 동물을 먹는 독수리도 먹이를 찾을 때 후각의 도움을 받아. 보이지 않는 곳에 썩은 고기를 숨겨 놓으면 냄새를 맡고 귀신같이 찾아낸단다.

썩은 고기 냄새를 맡고 몰려든 **독수리 떼**

배불리 먹는 법

새들이 다양한 생김새로 진화한 이유는 살아가는 환경에 맞게 잘 먹고 잘 살기 위해서야. 먹이는 몸의 생김새나 신체 능력에도 영향을 주거든. 먹는 것은 살아가는 데 가장 중요한 일이야. 하늘을 날려면 엄청난 에너지가 필요하기 때문에 충분히 먹어야 해. 열매, 씨앗, 수초 등 식물성 먹이부터 곤충, 어류, 양서류, 파충류, 포유류, 조류 등 동물성 먹이까지 참 다양해. 독수리나 콘도르처럼 죽은 동물을 먹는 새도 있고, 까마귀처럼 이것저것 가리지 않고 먹는 잡식성 새도 있어.

참매(왼쪽) VS **왕새매**(오른쪽) 생김새와 습성이 비슷하지만 좋아하는 먹이가 달라 경쟁을 피할 수 있다.

벌매(위) VS **솔개**(아래) 크기가 비슷한 맹금류지만 먹이가 서로 달라서 경쟁을 피할 수 있다.

먹는 것은 생명과 관련된 중요한 일이라서 경쟁이 벌어지기 쉬워. 그래서 경쟁을 피할 수 있는 전략이 필요해. 물론 생태계의 다양한 먹이 덕분에 어느 정도는 경쟁을 줄일 수 있지만 몸의 크기나 생활환경이 비슷한 새들은 먹이 경쟁이 치열할 수밖에 없을 거야. 이런 경우에는 서로 사는 장소를 달리해서 경쟁을 피해. 아예 먹이 종류를 달리해서 함께 살아가는 새도 있어. 참매와 왕새매는 생김새와 습성이 비슷하지만 참매는 주로 비둘기나 꿩, 멧토끼 등을 잡아먹고 왕새매는 주로 개구리나 뱀, 큰 곤충 등을 잡아먹기 때문에 먹이 경쟁을 피할 수 있지. 이름처럼 독특하게 주로 벌의 애벌레를 먹는 벌매도 비슷한 크기의 솔개와 서로 다른 먹이를 먹기 때문에 경쟁을 피할 수 있단다.

맹금류인 수리류와 부엉이류처럼 같은 장소에 살면서 먹이까지 비슷한 새들도 있어. 매우 곤란한 상황이지만 이럴 때는 아예 먹는 시간을 달리해서 경쟁을 피하지. 주로 낮에 사냥하는 수리류와 달리 부엉이류는 밤에 사냥하도록 진화한 것이야. 시간대를 달리해서 먹이 경쟁을 피하는 거지. 그래서 수리류를 주행성 맹금류, 부엉이류를 야행성 맹금류라고 해. 이처럼 새들은 먹이 경쟁을 최소화할 수 있도록 다양한 방법으로 진화해 왔어.

서로 도우며 함께 사는 공생

힘이 약한 새들은 무리 지어 사는 경우가 많아. 함께 있으면 천적을 빨리 발견할 수 있거든. 아무리 시력이 좋은 새라도 혼자 있는 것보다 여러 마리가 함께 살피면 더 효과적이지. 먹이를 찾기도 더 쉬울 테고 말이야. 물론 천적을 살피고 먹이를 찾기 위해서만 무리 지어 사는 건 아니야. 무리 지어 살면 더 좋은 짝을 만날 가능성도 커지고 경쟁이나 협동을 배울 수도 있어.

겨울철 무리 지어 생활하는 **큰기러기**

황로는 소에게 도움을 받으며 살아간다.

　새들은 다른 종과 함께 살아가기도 해. 종종 들판에서 소 등 위에 황로가 서 있는 모습을 볼 수 있어. 덩치 큰 소에게 찰싹 붙어 있으면 안전하거든. 게다가 소가 움직이면 풀숲의 곤충이 놀라 튀어 오르잖아. 그 곤충은 바로 황로의 먹이가 되는 거야. 소와 함께 있으면 위험도 피하고 손쉽게 먹이도 구할 수 있으니 일석이조인 셈이지.

새들은 식물과도 도움을 주고받아. 꽃이 피는 식물은 꽃가루가 암술머리에 닿아야 자손을 퍼뜨릴 수 있어. 이때 새들이 대신 꽃가루를 옮겨 주는 거야. 새는 꽃의 꿀을 빨아 먹으면서 영양을 보충하고, 꽃은 새 덕분에 종족 보존이 가능하게 되지. 동박새, 휘파람새, 직박구리 등이 대표적이야. 이처럼 새의 도움으로 꽃가루받이가 일어나는 꽃을 조매화라고 해. 바람의 도움을 받는 꽃을 풍매화, 곤충의 도움을 받는 꽃을 충매화라고 부르는 것처럼 말이야.

꽃의 꿀을 빨아 먹는 **동박새**

빨간 열매를 먹는
직박구리

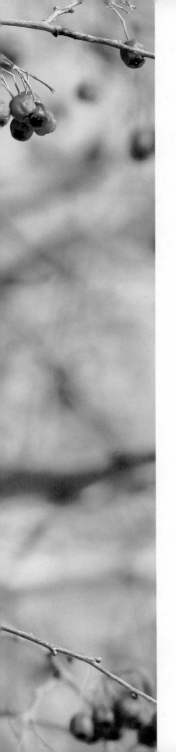

꽃가루만이 아니야. 식물의 씨앗도 이곳저곳으로 옮겨 주지. 식물의 열매를 먹고 다른 곳으로 날아간 새들의 배설물을 통해 씨앗이 멀리멀리 퍼지는 거야. 덕분에 식물은 새로운 곳에서 싹을 틔울 수 있지. 식물도 새들이 좋아하는 맛과 눈에 띄는 열매로 새들을 유혹해. 씨앗은 쉽게 소화되지 않게 단단해서 새의 배설물 속에 안전하게 숨어 있어. 이처럼 서로 도우며 함께 사는 것을 공생이라고 해.

2

이야기 둘:

위대한 탄생

두 번째는 새들의 번식에 대한 이야기야.
추운 겨울이 가고 따뜻한 봄이 오면
다양한 새들이 번식하려고 우리나라를 찾아와.
무더운 여름 내내 이어지는 새 생명의 탄생과 보살핌은
아름다움 속에 치열한 경쟁과 험난함이 숨어 있어.
사랑하는 짝을 만나 둥지를 짓고
알을 낳아 새끼를 길러 어른이 되기까지,
새들의 번식 과정을 보면서 생명의 신비로움을
함께 알아볼 거야.

내 사랑을 받아 줘

새들도 사랑을 표현해. 건강한 자손을 낳아 종족을 유지하려면 좋은 짝을 만나야 하거든. 그래서 사랑을 고백하는 구애 행동을 적극적으로 하는 거야. 봄부터 여름까지 번식 시기가 되면 수컷은 암컷을 유혹하려고 한껏 매력을 뽐내지. 좋은 짝을 만나 짝짓기를 하고 알을 낳아 새끼를 키우기까지 번식에 성공하려고 최선을 다하는 거야.

©최순규

목을 빼고 춤을 추며 사랑을 표현하는 **두루미**

머리깃을 부풀리거나 물풀을 선물하며 사랑을 표현하는 **뿔논병아리**

꽁지깃을 펼치고 사랑을 표현하는 **흰목물떼새**

아름다운 노랫소리로 사랑을 표현하는 **꾀꼬리**

공작은 아름다운 꽁지깃을 부채처럼 활짝 펼치고 우아하게 걸으며 화려함을 뽐내지. 두루미는 목을 빼고 춤을 추며 사랑을 표현해. 선물로 유혹하는 새들도 있어. 참매는 둥지 재료인 나뭇가지를, 뿔논병아리는 맛있는 물풀을 선물해. 쇠제비갈매기와 물총새는 물고기를 잡아서 선물하고. 예쁜 생김새만큼 목소리가 좋은 꾀꼬리는 아름다운 노랫소리로 사랑을 고백하지.

암컷과 수컷의 생김새가 다른 새들은 대부분 수컷이 화려하고 아름다워. 평소에는 암컷과 생김새가 비슷하지만 번식 시기에만 예쁜 번식깃이 생기는 수컷도 있어. 암컷에게 선택되려고 아름답게 진화한 것 같아. 암컷은 화려하지 않고 색이 수수한 경우가 많아. 암컷이 아름다우면 번식할 때 위험에 맞닥뜨릴 수 있잖아. 대부분의 암컷은 번식 활동에 전념해야 하는데 천적의 눈에 쉽게 띈다면 잡아먹힐 수도 있거든.

꿩의 수컷(위)은
화려하지만
암컷(아래)은
수수하다.

새들의 결혼 생활

새들도 결혼 제도가 있어. 사람처럼 한 쌍의 암수가 만나 결혼하고 알을 낳아 새끼를 키우는 일부일처제가 대부분이야. 두루미는 한번 짝을 맺으면 평생을 함께하는데 정말 다정해 보인단다. 원앙도 암수가 참 다정해 보이지. 신혼부부에게 원앙처럼 살라고 할 정도니까 말이야. 근데 사실 원앙은 평생 같이 살지 않아. 다정해 보이긴 하지만 매년 짝을 바꾸거든. 그러니까 신혼부부에게 원앙처럼 살라고 하면 안 될 것 같아.

가족이 함께 살아가는 **두루미**

정답게 물을 먹는 **원앙** 암수

　일부다처제인 새도 있어. 수컷 한 마리가 여러 암컷과 짝을 짓는 거지. 완전한 일부다처제인 새는 전체의 2퍼센트 정도라고 해. 먹이가 넉넉한 열대 지역에 사는 새들일수록 일부다처제가 많대. 먹이가 넉넉하니까 암컷 혼자서도 새끼를 키우기가 쉽기 때문일 거야.

　일처다부제는 암컷 한 마리가 여러 수컷과 짝을 짓는 거지. 이러한 새들은 암컷이 수컷보다 덩치가 큰 경우가 많아. 힘센 암컷이 자신의 세력권을 넓히는 거야. 같은 종류의 동물이 들어오지 못하도록 지키는 지역을 세력권이라고 해. 호사도요가 대표적인데, 암컷이 수컷보다 화려해. 사랑 노래를 부르는 것도 암컷이지. 짝을 맺고 둥지 짓기를 시작

하면 암컷은 알만 낳아. 번식을 위한 모든 일은 수컷의 몫이지. 게다가 수컷이 알을 품고 새끼를 보살피는 동안 암컷은 다른 수컷을 만나 구애 행동을 해.

호사도요 암컷(왼쪽)과 수컷(오른쪽). 암컷이 수컷보다 화려하다.

새끼를 보살피는 **호사도요** 수컷

소중한 나의 둥지

둥지는 새들이 번식하는 곳이야. 사람의 집처럼 일 년 내내 머무는 곳은 아니지. 둥지는 번식을 위한 장소이니까 알을 낳고 새끼를 키우는 곳이라고 생각하면 돼. 새끼가 둥지를 떠나면 그 둥지는 버려지는 경우가 많아. 새들은 누구에게 배우는 것도 아니고 설명서가 있는 것도 아니지만 번식 시기가 되면 본능적으로 둥지를 지어.

둥지 재료를 보면 그 새의 생활환경을 알 수 있어. 풀, 나뭇잎, 나뭇가지 등 천연 재료부터 실, 비닐, 종이 등 사람이 쓰다 버린 인공 재료까지 각양각색이야. 둥지는 컵 모양이 가장 많아. 나무나 건물 벽 등에 붙여 짓기도 하고, 땅 위에 간단히 나뭇가지를 올려 짓기도 하지. 흙벽이나 나무에 구멍을 뚫어 둥지를 짓기도 해.

■ 새들의 다양한 둥지

귀제비 둥지: 터널 모양으로 들어갈 수 있게 짓는다.

까막딱다구리 둥지: 나무에 구멍을 파서 짓는다.

동고비 둥지: 딱다구리류가 썼던 나무 구멍을 이용한다

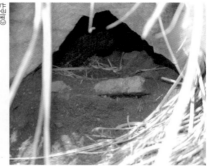

바다쇠오리 둥지: 돌 틈의 굴처럼 깊은 곳에 둥지를 짓는다.

붉은머리오목눈이 둥지: 갈대나 가는 나뭇가지 사이에 둥지를 짓는다.

긴꼬리딱새 둥지: 높은 나뭇가지에 둥지를 짓는다.

청호반새 둥지: 벼랑에 구멍을 파서 둥지를 짓는다.

뿔논병아리 둥지: 물풀을 이용해 얕은 물가에 뜰 수 있도록 둥지를 짓는다.

제비 둥지: 진흙과 마른풀을 벽에 붙여 둥지를 짓는다.

둥지는 대부분 가운데가 오목해. 둥그런 알이 굴러 떨어지는 것을 막기 위해서야. 둥지의 온도를 유지하기 위해 여러 가지 재료를 이용해서 빈틈이 생기지 않도록 지어. 바람과 햇빛의 위치까지 살펴서 생각보다 꼼꼼하게 짓는단다.

논병아리류나 물닭은 얕은 물가의 갈대밭 주변에 물에 뜰 수 있도록 둥지를 지어. 제비는 진흙과 마른풀을 벽에 붙여 짓고, 꼬마물떼새는 자갈 사이에 알을 낳지. 딱다구리처럼 나무 구멍을 이용하거나 갈색제비처럼 모래 벽에 구멍을 파서 짓기도 해.

새 생명의 시작

새의 알에는 재미있는 비밀이 숨겨져 있어. 알은 껍데기가 딱딱한데 이것은
번식 환경과 밀접한 관계가 있지. 천적으로부터 알을 보호하려고 높은 곳에
알을 낳거나 바위 또는 돌 위에 알을 낳는 새들은 알이 깨지지 않게 단단한
껍데기가 필요했을 거야. 알이 저절로 부화하지 않잖아. 밤낮으로 어미 새

■ 새들의 여러 가지 알

검은머리물떼새 알

괭이갈매기 알

꼬마물떼새 알

노랑부리백로 알

수리부엉이 알

흰목물떼새 알

올빼미 알

쏙독새 알

가 알을 품어 줘야 하지. 알껍데기가 단단하지 않으면 알을 품을 때 자칫 깨질 수도 있겠지? 높은 바위나 나무에 알을 낳는 새의 알은 한쪽이 긴 타원형이야. 그래야 혹시 굴러가더라도 멀리 벗어나지 않고 되돌아오니까 둥지에서 안정적으로 보호할 수 있지. 만약 알이 공처럼 둥글다면 멀리 굴러가 버릴지도 모르잖아.

알을 낳는 습성도 새마다 달라. 바닷새는 대부분 천적이 접근하기 어려운 벼랑에 하나의 알만 낳지. 바닷가나 강물이 바다로 흘러 들어가는 어귀에서 생활하는 물떼새류는 알을 숨길 곳이 마땅치 않으니까 여러 개의 알을 낳아. 대신 천적의 눈에 띄지 않도록 알의 색이 주변의 색과 아주 비슷해. 작은 산새들은 작은 알을 한 번에 많이 낳고, 덩치가 큰 새들은 알을 적게 낳는 경향이 있어.

알의 크기와 색깔도 천차만별이야. 새 중에서 가장 큰 타조의 알은 가장 작은 벌새의 알보다 무려 4,500배나 커. 색깔도 다양해서 휘파람새의 적갈색 알은 초콜릿 같고, 쇠유리새의 푸른색 알은 사파이어 보석 같아. 나뭇가지로 둥지를 지어서 알을 낳는 까치는 짙은 밤색의 얼룩무늬여서 보호색을 띠지. 새들은 저마다 생활환경이나 습성에 맞게 모양도, 크기도, 색깔도 제각각인 알을 낳도록 진화했어. 새들이 다양한 만큼 새의 알에도 새 생명을 탄생시키기 위한 다양한 생존 전략이 숨겨져 있단다.

내 알을 부탁해

새들의 번식은 아주 어려운 일이야. 둥지를 지어 알을 낳고 천적으로부터 보호하며 새끼가 둥지를 떠날 때까지 하루하루 보살핀다는 것은 여간 힘든 일이 아니지. 그런데 이렇게 중요한 일을 남에게 몰래 맡기는 새가 있어. 바로 뻐꾸기류야. 다른 새의 둥지에 슬그머니 알을 낳고 잽싸게 도망쳐 버린단다. 이처럼 어떤 새가 다른 종의 새의 둥지에 알을 낳아 대신 품어 기르도록 하는 일을 탁란이라고 해. 알을 낳는 것 이외에는 스스로 둥지를 짓거나 새끼를 기르는 번식 활동을 일절 하지 않지.

아무에게나 알을 맡기는 것은 아니야. 뻐꾸기류도 종류마다 탁란하는 새가 달라. 두견이는 대부분 휘파람새 둥지에 휘파람새의 알과 비슷한 적갈색 알을 낳아. 뻐꾸기는 알의 모양이 비슷한 때까치, 멧새, 개개비 등 꽤 다양한 새의 둥지에 알을 낳지. 매사촌은 자기의 알과 색깔이 비슷한 하늘색 알을 낳는 쇠유리새나 큰유리새 둥지에 탁란해. 벙어리뻐꾸기는 산솔새처럼 솔새류 둥지에 주로 탁란을 하지.

탁란하는 새의 새끼도 교묘하고 눈치가 빨라. 남의 둥지에서 살려면 어쩔 수 없겠지? 둥지 주인의 알보다 빨리

뻐꾸기 새끼에게 먹이를 주는 **개개비**

알 밖으로 나와서 다른 알이나 새끼를 둥지 밖으로 밀어 버리거든. 이런 행동은 살아남기 위한 본능일 거야. 둥지 주인과 전혀 닮지 않은 새끼 새는 이런 방법으로 둥지 주인의 사랑을 차지하다가 다 자라면 둥지를 떠나 버려. 둥지 주인 역시 자신의 새끼인 줄 알고 먹이를 주며 정성껏 키우지. 자신의 새끼를 남에게 몰래 맡기는 얌체 같은 행동이지만 험난한 야생에서 살아남기 위한 어쩔 수 없는 생존 전략인 것 같아.

세상 밖으로

알 속에서 새끼가 껍데기를 깨고 밖으로 나오는 과정을 부화라고 해. 새의
알은 꽤 단단해서 연약한 새끼가 껍데기를 깨고 나오는 일은 결코 만만하지
않아. 알 속의 새끼가 자라서 밖으로 나올 준비가 되면 알껍데기에 작은 금
이 생기고 갈라지기 시작해. 새끼는 이 틈을 비집고 껍데기를 깨면서 세상
밖으로 나오는 거야.

알껍데기를 깨고 나오는 **괭이갈매기 새끼**

■ 조성성 새끼와 만성성 새끼

태어날 때부터 솜털이 자라 있는 조성성의
괭이갈매기 새끼

깃털도 없고 눈도 뜨지 않은 채로 부화한
만성성의 **붉은머리오목눈이 새끼**

　알에서 나온 새끼는 두 가지로 나눌 수 있어. 하나는 새끼가 이미 알 속에서 충분히 자라서 부화 후 바로 걷거나 먹이를 혼자서 먹을 수 있는 상태야. 이것을 조성성이라고 해. 대부분 알이 커서 알 속에서도 충분히 영양을 섭취할 수 있어. 땅 위에 둥지를 지어서 천적이 공격할 가능성이 많기 때문에 미리 도망갈 수 있을 정도로 자라서 알 밖으로 나오는 거지. 또 하나는 알 속에서 다 자라지 못해 깃털이 없고 눈도 뜨지 않은 채로 부화하는 거야. 이것을 만성성이라고 해. 이런 새들은 대부분 나무 위나 바위틈 같은 비교적 안전한 곳에 둥지를 지어. 부화 후에도 어미 새가 일정 기간 품어 주고 둥지를 떠날 때까지 먹이를 주며 돌보아야 해.

　새가 알에서 깨어나 어른이 되기까지 야생에는 수많은 위험이 있어. 어미 새는 새끼가 혹시 다치지는 않을까 하루도 마음 편할 날이 없지. 바닷가나 강가의 자갈밭이나 모래밭은 알을 숨길 곳이 마땅치 않

2. 위대한 탄생　**59**

아서 그곳에서 번식하는 물떼새류는 더욱 위험이 많아. 그래서 둥지 근처로 천적이 다가오면 어미 새는 아픈 척하며 도망가는 연기를 해. 둥지와 다른 방향으로 천적을 꾀어내서 새끼를 보호하는 거야. 위협을 느끼면 직접 공격하는 경우도 있어. 자신보다 더 힘이 센 천적이라도 새끼를 보호하려고 목숨을 걸지. 이럴 때는 주변에 둥지나 새끼가 있다는 신호니까 무시하지 말고 잘 피해 주는 것이 새들에 대한 배려인 것 같아.

알이나 새끼를 보호하기 위해
아픈 척 의상 행동을 하며
천적의 관심을 끄는 **꼬마물떼새**

©최순규

먹이 잡는 훈련을 하고 있는 **새호리기**

　하늘의 제왕 맹금류도 새끼일 때는 위험이 많아. 태어날 때부터 강한 새는 없거든. 험난한 야생에서 태어난 새끼가 모두 건강하게 자라는 것은 아무래도 어려운 일이지. 그래서 어미 새는 한 마리만이라도 강하게 키우려고 노력해. 맨 먼저 태어났거나 건강한 새끼에게 집중적으로 먹이를 주는 경향이 있단다. 둥지에서 벗어나 훨훨 날 수 있도록 매일 비행 훈련도 열심히 해. 알에서 나와 세상 밖에서 살아가는 일은 결코 쉽지 않은 것 같아.

이야기 셋:

날아라 새들아

세 번째는 새들의 비행과 이동에 대한 이야기야.
날개가 있는 새들은 어디든 날아갈 수 있지.
하늘을 날 수 있게 최적화된 신체와
여러 가지 비행 기술을 알아보고,
철새들이 위험을 무릅쓰고 이동하는 이유와
머나먼 이동이 가능한 이유도 함께
알아볼 거야.

날개가 있다는 건

새는 하늘을 날 수 있도록 몸의 구조가 진화해 왔어. 특히 날개가 있어 하늘을 날 수 있지. 물론 박쥐와 곤충도 자유롭게 날 수 있지만 날개의 모양이나 구조는 새와 전혀 달라. 박쥐와 곤충의 날개는 피부 또는 껍질이 얇은 막으로 변한 거야. 이와 달리 새는 수많은 깃털이 다양한 모양으로 덮여 있는 구조지. 날개를 옆에서 보면 윗부분은 곡선이고 아랫부분은 편평한 형태야. 그래서 하늘을 날 때 날개 위쪽의 공기 흐름이 아래쪽보다 빠르고 압력도 낮아. 이로 인해 압력이 높은 아래쪽에서 압력이 낮은 위쪽으로 밀어 올리는 힘이 생기고 새가 떠오를 수 있는 거야. 이것을 양력이라고 해.

모든 새는 한 쌍의 날개가 있지만 각자의 생활 장소나 습성에 따라 서로 다르게 진화했어. 꿩, 물닭, 까치 등은 날개가 짧고 둥글어. 이런 날개를 가진 새들은 단숨에 날아오르지만 오래 날기는 어려워. 매, 제비, 칼새 등은 날개가 좁고 뾰족해. 이런 날개를 가진 새들은 빠른 속도로 오랫동안 날 수 있어. 갈매기류, 슴새류, 알바트로스 등도 날개가 길고 뾰족해. 날갯짓이 느려서 순발력은 떨어지지만 바람을 타고 오랜 시간 날기 적합해. 수리류는 날개 끝부분이 손가락처럼 벌어졌어. 날갯짓을 거의 하지 않고도 공기의 흐름을 타고 오랫동안 날 수 있지. 수리류 중 참매는 날개 폭이 넓지만 길이는 상대적으로 짧아. 산속에 사니까 나무 사이를 빠져나가며 먹이를 잡아야 하거든.

새는 날기 위해 손과 팔 대신 날개를 갖게 되었지만 불편한 점도 많을 거야. 하지만 언제든 어디든 바로 날아갈 수 있다는 것이 날개 있는 새들의 큰 장점이지. 높은 곳은 시야가 넓고 멀리 볼 수 있어서 먹이를 발견하기가 쉬워. 땅에 있는 적으로부터 도망가기도 수월하지. 계절이 바뀌면 살기 좋은 곳을 찾아 멀리 이동하는 것도 가능해. 물론 펭귄이나 타조처럼 하늘을 날 필요가 없어서 비행 능력이 사라진 새들도 있지만 말이지.

■ 다양한 날개 모양

까치: 날개가 짧고 둥글다.
(장거리 비행은 어렵지만 순발력이 뛰어나다.)

칼새: 날개가 좁고 뾰족하다.
(속도가 빠르고 방향 전환도 자유롭다.)

흰갈매기: 날개가 길고 폭이 좁다.
(순발력은 떨어지지만 바람을 타고 오랫동안 바다 위를 난다.)

말똥가리: 날개 끝부분이 손가락처럼 벌어졌다.
(날갯짓을 거의 하지 않고도 공기의 흐름을 타고 오랫동안 날 수 있다.)

날기 위해 태어났어

하늘을 마음껏 날아다니는 새들을 보면 정말 부러워. 새들은 하늘을
날 수 있게 최적화된 몸으로 진화했지. 새들이 나는 것은 단지 날개가
있어서만은 아니야. 무거운 비행기가 하늘을 날기 위해선 프로펠러나
제트 엔진이 필요한 것처럼 새는 날갯짓으로 앞으로 나아가는 힘을
만들어. 사람은 날개가 있다 해도 하늘을 날 수 없어. 날갯짓은 날개

■ 하늘을 날 때 아름다운 다양한 새

괭이갈매기

매

근육의 힘으로 하는데, 사람에게는 그만큼의 힘이 없거든. 새는 보통 몸무게의 20퍼센트 정도가 날개 근육이라고 해. 하지만 새의 날개 근육이라고 할 사람의 가슴 근육은 고작 1퍼센트 정도밖에 안 되지. 날개 근육이 새의 비행에서 강력한 엔진 역할을 하는 셈이야. 새의 가슴뼈에 용골 돌기라는 특별한 뼈가 있어서 중요한 날개 근육을 보호해 준단다.

아주 가벼운 몸도 비행의 필수 조건이야. 온몸이 가벼운 깃털로 둘러싸여 있고 무거운 이빨과 턱뼈 대신 가벼운 부리로 진화했지. 몸무게를 줄이

쇠기러기

저어새

참수리

흑두루미

흰꼬리수리

려고 오줌을 저장하는 방광도 없어. 또한 뼈의 속이 비어 있어서 온몸의 뼈를 다 모아도 깃털을 모은 것보다 가볍다고 해. 몸무게를 최대한 줄이려고 소화력도 좋단다. 날기 전에는 똥과 오줌을 누어서 조금이라도 몸무게를 줄이려고 노력해. 게다가 몸속에는 공기주머니가 있어 몸을 더욱 가볍게 해. 공기주머니는 충분한 산소를 공급해 주고 날갯짓을 하느라 뜨거워진 몸을 식혀 주기도 하지.

새의 몸도 날기에 안성맞춤이야. 부드러운 곡선의 매끈한 몸은 공기의 저항을 덜 받거든. 모든 운동 근육이 몸의 중심에 있어서 균형 잡기도 쉬워. 시야가 넓은 눈 덕분에 빨리 나는 것도 문제없어. 새들은 태어날 때부터 나는 방법을 알고 있지만 자유롭게 방향을 바꾸고 잘 날려면 연습을 해야 해.

여러 가지 비행 기술

새들은 모두 자기만의 비행법이 있어. 까마귀류, 찌르레기류, 비둘기류를 포함한 대부분의 새는 직선 비행을 해. 날갯짓을 하면서 곧게 나아가는 단순한 비행법이지. 일정한 간격으로 날갯짓을 반복하면서 위아래로 파도치는 것처럼 비행하는 새들도 있어. 직박구리, 할미새류, 딱다구리류가 대표적인데 이것을 파상 비행이라고 해. 범상이라는 비행법도 있는데, 날개를 펼친 채로 위로 올라가는 공기의 흐름을 타고

정지 비행을 하며 먹이를 찾는
황조롱이

위로 올라가는 공기의 흐름을 타고 빙빙 도는 **벌매 무리**

소리 없이 야간 비행이 가능한 야행성 맹금류인 **수리부엉이**

V 자 모양으로 줄지어 날아가는 **큰기러기**

하늘을 빙빙 돌지. 맹금류, 습새류, 알바트로스 등이 대표적인데, 날갯
짓을 거의 하지 않는 비행법이라서 에너지 효율이 좋아. 말똥가리, 황
조롱이, 물총새, 제비갈매기 등은 정지 비행을 좋아해. 제자리에서 빠
른 날갯짓으로 떠 있는 비행법인데, 하늘에서 먹이를 겨냥하려고 이런
비행을 하는 거야.

　야행성 맹금류인 부엉이류는 비행할 때 소리를 거의 내지 않아. 깜
깜하고 조용한 밤에는 퍼덕이는 날갯짓 소리가 오히려 장애가 될 수
있거든. 우리나라 올빼미과 가운데 가장 큰 수리부엉이는 소리 없이
날지. 수리부엉이의 깃털에는 부드러운 솜털이 많이 나 있어. 이 솜털
은 수리부엉이가 하늘을 날 때 공기와 부딪치는 소리를 줄여 주어서
날개를 퍼덕이는 소리가 거의 안 나. 그래서 소리 없이 먹잇감에게 다
가갈 수 있는 거야.

　새들은 서로 힘을 모아 날기도 해. V자 모양의 편대 비행이 대표적
이지. 일정한 간격을 유지하면서 열이나 줄을 지어 날아가는 거야. 주
로 기러기류나 두루미류가 비행하는 방법이지. 앞서가는 새가 날갯짓
을 하면 날개 끝 양쪽으로 소용돌이가 생겨. 그러면 뒤따르는 새들은
이 소용돌이를 타고 쉽게 날 수 있지. 편대 비행을 하는 새들을 옆에서
보면 앞쪽의 새보다 뒤쪽에서 나는 새가 조금 더 높이 날아. 체력이 떨
어진 선두의 새는 체력을 보충한 뒤쪽의 새들과 교대해 가면서 먼 거
리를 이동해.

비행의 달인

하늘을 나는 새들은 모두 비행의 달인이야. 그중에서도 세상에서 가장 빨리 나는 새는 바로 매야. 먹잇감을 잡으려고 곤두박질치듯 아래로 날아가는 모습을 보면 마치 전투기 같아. 날개를 접고 단숨에 아래로 날면서 먹이를 낚아채거든. 빠를 때의 속도는 시속 300킬로미터가 넘는다고 해. 작은 산새류는 시속 40킬로미터, 갈매기류는 시속 45킬로미터, 오리류는 시속 60킬로미터, 고니류는 시속 70킬로미터 정도의 평균 속도를 낸단다.

비행 성능은 속도뿐만 아니라 거리도 중요해. 가장 먼 거리를 이동하는 새는 북극제비갈매기야. 번식지인 북극과 겨울을 나는 남극을 해마다 왕복하지. 그 거리는 무려 3만~4만 킬로미터라고 해. 해마다 지구 한 바퀴를 도는 셈이지. 손바닥만 한 새가 이렇게 먼 거리를 비행한다니 무척 놀라워. 물론 북극과 남극 사이를 한 번도 쉬지 않고 날아가는 것은 아니야. 우리가 차를 타고 갈 때 휴게소에서 쉬어 가는 것처럼 북극제비갈매기도 중간 지점에서 잠시 쉬었다가 가지. 그런데 북극에서 번식하고 북아메리카에서 겨울을 나는 흰기러기는 단 하루 만에 약 2,000킬로미터를 이동한 기록이 있다고 해. 계산해 보면 시속 83킬로미터로 쉬지 않고 날아간 셈이지.

단거리와 장거리 선수를 알아보았으니 이제는 높이 날기 선수 차례야. 쇠재두루미는 가장 높이 나는 새로 알려져 있어. 번식지인 몽골 등

먹이를 잡으려고 곤두박질치듯 아래로 날아가는 **매**

가장 높이 나는 **쇠재두루미**

쇠재두루미

중앙아시아에서 겨울을 나는 인도로 가려면 히말라야산맥을 넘어야 하는데 그 높이가 무려 8킬로미터나 된다고 해. 사람이 그 정도의 높이에 있다면 공기가 부족해서 산소 탱크 없이는 버티기 힘들어. 사람의 폐에는 들이마신 공기와 내뱉을 공기가 섞여 있어서 공기 중에서 산소를 20퍼센트 정도밖에 쓸 수 없거든. 하지만 새의 폐에는 여러 개의 공기주머니가 연결되어 있어서 산소를 많이 저장해 두었다가 쓸 수 있어. 높이 나는 이유는 강한 바람을 타고 에너지 소모를 최소화하기 위해서야. 하늘 높이 올라갈수록 장애물이 없고 바람이 강하게 불기 때문에 덩치 큰 새들의 비행에는 도움을 주지. 그렇지만 상대적으로 힘이 약한 작은 새는 1킬로미터 정도의 높이가 한계라고 해.

철새는 왜 이동할까

계절의 변화에 따라 이동하는 새를 철새라고 해. 사는 장소에 물이나 먹이
가 부족할 때, 천적을 피하거나 피난처를 찾을 때, 먹이를 먹고 잠을 자는 장
소를 찾아갈 때, 새들은 이동을 하지. 새는 날개가 있고 비행하기 알맞은 신
체 구조를 갖추고 있어서 먼 거리도 이동할 수 있어. 이렇게 머나먼 이동에
는 수많은 위협이 도사리고 있지. 그럼에도 해마다 먼 거리를 이동하는 이
유는 바로 살기 위해서야.

여름철 우리나라에서 번식하는 **붉은배새매**

계절에 따라 철새가 이동하는 데는 여러 가지 학설이 있어. 가장 큰 이유는 계절이 바뀌면서 먹이가 부족해지면 새로운 먹이를 찾기 위해서일 거야. 참새처럼 늘 우리 주변에 있는 텃새들은 겨울에도 먹이가 있으니까 먼 거리를 이동할 필요가 없어. 하지만 대부분의 산새들은 겨울이 되면 먹이가 없어서 남쪽의 따뜻한 지역으로 이동해야만 해. 맹금류 중에도 붉은배새매처럼 주로 곤충이나 양서류, 파충류를 잡아먹는 새들은 여름철이면 우리나라에서 번식하지만 먹이가 부족한 겨울에는 남쪽으로 이동해서 겨울을 지내.

태어날 때부터 이동하려는 습성이나 본능의 유전자를 가지고 있는 것도 이동의 또 다른 이유야. 북쪽에서 태어난 철새는 그해 가을이 되면 남쪽으로 이동하는데 어미 새가 먼저 이동해 버려서 스스로 이동해야만 하는 어린 새들도 있어. 탁란으로 유명한 뻐꾸기처럼 태어날 때부터 부모를 만날 수 없는데도 자신의 힘으로 먼 거리를 이동하는 새도 있거든. 괭이갈매기도 여름철 번식이 끝나고 가을에 이동할 때 어린 새가 무리를 지어 어른 새보다 먼저 이동해. 이것을 보면 철새는 본능으로 이동하는 것 같아.

반대로 덩치가 큰 두루미류나 고니류, 기러기류는 새끼가 번식이 가능할 만큼 자랄 때까지 가족이 함께 생활해. 먼 거리도 가족이 함께 이동하지. 경험이 많은 부모가 어린 새와 함께 날며 길을 가르쳐 준단다. 기러기류의 어린 새는 부모가 이동하지 않으면 대부분 번식지에 그대로 남아 있어. 이것을 보면 학습에 의해 이동하는 것 같기도 해.

철새의 이동은 아직 풀리지 않은 비밀이 많지만 계절의 변화에 따라 먹이를 찾고 살아가기 위해 꼭 필요한 것은 확실해. 먹이가 넉넉한 곳에서 살

어른 새보다 어린 새가 먼저 이동하는 **괭이갈매기**(어린 새(위)와 어른 새(아래)의 색깔이 전혀 다르다.)

가족이 함께 이동하는 **큰고니**(위)와 **두루미**(아래)

아가기 위한 본능이고 계절의 변화에 따라 적응하기 위한 삶의 방식인 거야. 분명 유전적인 본능과 훈련을 통한 학습이 함께 이루어져 힘든 먼 거리 이동도 가능한 것 같아.

지도 따윈 필요 없어

철새는 해마다 비슷한 경로로 이동해. 제비의 경우에는 따뜻한 남쪽 나라에서 겨울을 보내고 봄이면 우리나라에 찾아와 번식을 하지. 놀라운 사실은 지난해에 번식했던 둥지를 정확히 알고 다시 찾아온다는 것이야. 지도도 없는 새들이 어떻게 목적지를 정확히 찾아가는 것일까?

사람들이 시각에 의존해 길을 찾듯 새들도 주변의 사물이나 환경을 보면서 길을 찾아. 새들은 시력이 좋은데 높은 하늘에서는 더 멀리 볼

제비는 봄이면 우리나라를 찾아온다.

제비는 번식을 마치면 남쪽 나라로
떠나기 전에 한곳에 모인다.

수 있지. 낮에 이동하는 새들은 햇빛의 이동 방향과 해의 높이를 기준으로 길을 찾아. 밤에 이동하는 새들은 계절에 따라 나타나는 별자리나 북극성처럼 위치가 변하지 않는 별을 기준으로 길을 찾기도 하지. 새들은 뇌의 앞부분에 철 성분이 있어서 지구의 자기장을 느낄 수 있다고 해. 지구는 커다란 자석과 같기 때문에 자기장을 느낄 수 있다면 쉽게 방향을 알 수 있을 거야.

칼새는 날아다니면서 곤충을 잡아먹는다.

맹금류, 두루미류, 황새 등 덩치가 큰 새들은 대부분 낮에 이동해. 아무래도 천적에게 잡아먹힐 걱정이 적으니까 말이지. 날개가 커서 아침에 기온이 올라가면서 발생하는 상승 기류를 이용하기도 쉬워. 덩치는 작아도 칼새류나 제비류처럼 하늘을 날아다니면서 곤충을 잡아먹는 새들도 낮에 이동하지.

야간 비행도 가능해. 상식적으로 낮에 이동하는 것이 어두운 밤에 이동하는 것보다 안전하겠지만 야간 비행을 더 좋아하는 새들도 있어. 대부분 작고 약한 새들이지. 낮 동안은 틈틈이 먹이를 먹어 이동에 필요한 에너지를 모아야만 해. 낮에 이동하면 천적의 눈에 띄어 공격을 당할 수 있으니까 이들에게는 야간 비행이 더 안전해. 물론 낮과 밤을 가리지 않고 먼 거리를 이동하는 새들도 있어. 오리류나 기러기류가 대표적이야. 날씨나 머물고 있는 지역의 환경에 따라서 상황에 맞게 이동 시간을 결정하지.

이야기 넷:

계절이 바뀌면

네 번째는 우리나라에서 만날 수 있는 새들의 이야기야.
계절이 바뀌면 그 계절에 맞는 새들이
우리나라를 찾아와.
계절의 변화에 따라 이동하는 철새는
겨울새, 여름새, 나그네새, 길 잃은 새가 있어.
물론 일 년 내내 만날 수 있는 텃새도 있지.
봄, 여름, 가을, 겨울, 우리나라에서 만날 수 있는
아름다운 새들을 함께 만나 보기로 해.

겨울새 이야기

가을이면 우리나라를 찾아와 겨울을 보내고 봄이 되면 다시 북쪽으로 돌아가는 새를 겨울새라고 해. 주로 러시아, 중국, 몽골 등 북쪽 지방에서 번식하고 우리나라에서 겨울을 나는데, 겨울새는 무려 140종이 넘어. 작은 산새도 우리나라를 찾아오지만 물새가 대부분이지. 한겨울에는 너무 추운 데다 먹이도 없기 때문에 우리나라에 오는 거야. 하지만 번식지인 시베리아의 여름은 먹이가 풍부해서 새들이 번식하기 딱 좋아.

먹이를 먹으려고 자맥질 하는
고방오리

얼음 위에
옹기종기 모여 있는
청둥오리

잠수를 잘하는
검은머리흰죽지

  우리나라에는 겨울새가 겨울을 나기에 알맞은 곳이 널리 퍼져 있
어. 어떤 환경에 어떤 종류의 새들이 찾아오는지 알아보기로 해. 겨울
이면 저수지나 호수, 강물이 바다로 흘러 들어가는 어귀 등의 습지에
서 수많은 오리류, 기러기류를 만날 수 있어. 춥지도 않은지 얼음 위에
맨발로 옹기종기 모여 있는 청둥오리, 물속 먹이를 먹으려고 자맥질하

해 질 녘 춤을 추듯 함께 날아가는 **가창오리**

함께 날아오르는 **쇠기러기**(위)와 **큰기러기**(아래)

는 고방오리, 깊은 물속을 좋아하는 잠수성 오리류인 검은머리흰죽지 등 오리류를 만나면 마음이 평온해져. 매년 겨울이면 천수만, 금강, 고천암호, 동림 저수지 등에 수십만 마리가 찾아오는 가창오리도 겨울의 멋진 손님이야. 물 위에서 쉬던 가창오리가 해 질 녘이면 논으로 먹이를 먹으러 가는데, 춤을 추듯 함께 날아가는 웅장한 그 모습은 한번 보면 잊지 못하지. 국제적 멸종 위기종인데 전 세계 90퍼센트 이상이 우리나라에서 겨울을 보내는 거야. 수만 마리의 기러기가 함께 날아오르는 모습도 정말 멋지단다.

간척지나 농경지 등에서는 맹금류를 만날 수 있지. 날카로운 부리와 발톱으로 먹이를 사냥하는 모습은 정말 늠름하고 용맹스러워. 새들은 뭐니 뭐니 해도 하늘을 나는 모습이 최고인 것 같아. 푸른 하늘을 멋지게 날아가는 참수리와 흰꼬리수리의 모습을 보면 가슴이 두근거릴 정도야. 그런데 독수리는 가까이서 보면 그리 멋지지 않아. 덩치는 크지만 사냥할 능력이 없어서 죽은 고기를 찾아다니거든.

청둥오리를 사냥한 **참매**

푸른 하늘을 날아가는 **흰꼬리수리**

스스로 사냥할 능력이 없는 **독수리 무리**

비슷한 맹금류인 말똥가리를 사냥한 **큰말똥가리**

푸른 하늘을 날아가는 **참수리**

간척지나 농경지 등에서는 두루미류도 볼 수 있어. 긴 다리로 우아하게 서 있는 두루미나 재두루미를 보면 무척 아름다워. 그 사이에서 희귀한 겨울새인 시베리아흰두루미도 간혹 모습을 보여 줘서 마음을 설레게 해. 두루미 종류는 아니지만 비슷하게 생긴 황새도 가끔 만날 수 있어.

우아하고 아름다운 **두루미**

쉽게 만날 수 없는 **시베리아흰두루미**

함께 모여 겨울을 보내는 **재두루미**

황새 무리의 비행

바닷가 바위에서 쉬는 **갈매기류**

바닷가 모래밭에서 줄지어 먹이를 찾는 **세가락도요**

통통하고 귀여운 **세가락갈매기**

고기잡이배를 따라다니며 먹이를 찾는 **갈매기**

바닷가에는 갈매기류가 많아. 바위에 앉아 쉬는 갈매기류도 볼 수 있고, 고기잡이배를 따라다니며 먹이를 찾는 갈매기도 볼 수 있어. 그 밖에도 바닷가 모래밭에서 줄지어 먹이를 찾는 세가락도요를 만날 수 있단다.

겨울이라고 물새들만 있는 것은 아니야. 산이나 들에는 바위종다리, 멧종다리, 갈색양진이, 양진이 등 꽤 다양한 산새도 있어. 작은 몸으로 겨울을 어떻게 이겨 내는지 걱정되지만 먹이를 잘 찾아다니는 것을 보면 대견해.

갈색양진이

멧종다리

바위종다리

양진이

여름새 이야기

봄이면 우리나라를 찾아와 여름을 보내고 가을이 되면 다시 따뜻한 남쪽으로 돌아가는 새를 여름새라고 해. 주로 동남아시아에서 겨울을 보내고 우리나라에 찾아와 번식을 하는데, 여름새는 60여 종이 있어. 한여름의 동남아시아는 너무 더우니까 시원하고 먹이를 찾기 수월한 우리나라에서 번식을 하는 거야. 대부분 아름다운 산새들이 찾아와.

여름이면 새들의 노랫소리와 분주한 움직임을 느낄 수 있어. 번식하느라 아주 바쁜 계절이거든. 들판은 '개개 비비' 울어 대는 개개비 소리로 시끌벅적해. 숲속에서는 아름다운 팔색조와 긴꼬리딱새가 번식

시끌벅적 울어대는 **개개비**

아름다운 **팔색조**(왼쪽)와 **긴꼬리딱새**(오른쪽)

부리 모양이 독특한 **청호반새**(왼쪽)와 **호반새**(오른쪽)

을 하지. 물총새과에 속하는 청호반새와 호반새도 번식을 준비하느라
바빠. 여름철 논에서 '뜸뜸뜸' 하고 울며 흔하게 번식하던 뜸부기는 이
제 멸종 위기종이 되었지. 갈수록 새들이 사는 환경이 나빠져 걱정이
이만저만 아니야.

멸종 위기종이 되어 버린 **뜸부기**

집단을 이루어 번식하는 새들도 있어. 독도나 서남해안의 무인도에서 번식하는 괭이갈매기가 대표적이야. 멸종 위기종인 노랑부리백로도 우리나라 서해안의 무인도에서 번식하기 때문에 이곳은 아주 중요해. 멸종 위기종 저어새도 빼놓을 수 없어. 전 세계에 **2**천여 마리밖에 남아 있지 않다고 해. 그런데 대부분이 우리나라 서해안 무인도에서 번식한다고 하니 우리나라는 새들에게 정말 중요한 곳이야. 최근에는 인천 송도의 도시 한가운데 있는 인공 섬에서 번식이 확인되었어. 사람을 피해 무인도에서 번식하는 저어새가 이런 곳에 있으니 반갑기도 하고 한편으로는 안쓰럽기도 해. 그나마 주변의 많은 사람들이 관심을 갖고 보호하고 있어서 다행이야.

괭이갈매기의 집단 번식지

멸종 위기종 **노랑부리백로**

도시 한가운데 인공 섬에서 번식한 **저어새**

멸종 위기종 **저어새**의 집단 번식지

나그네새 이야기

나그네새는 북쪽에서 새끼를 기르고 남쪽 지방에서 겨울을 지내려고 날아가다가 우리나라에서 잠시 쉬어 가는 새들인데, 무려 130여 종이나 된단다. 동남아시아나 호주 등 남쪽에서 겨울을 보내고 봄이면 시베리아 등 북쪽에서 번식하려고 날아가다가 또다시 우리나라에서 물이나 먹이를 먹고 체력을 보충하지. 우리나라는 머나먼 이동 과정에서 지친 새들이 잠시 쉬어 갈 수 있게 도움을 주는 중요한 곳이야.

봄가을의 이동 시기에 바다를 건너다 힘들면 섬에서 잠시 쉬어 가는 새들이 있어. 평소에는 보기 힘든 새들을 많이 볼 수 있단다. 그래서 새를 관찰하는 사람들은 봄과 가을에 섬에서 새들을 만날 날을 기다려. 다양한 새들을 볼 수 있지만 특히 맹금류가 대표적이야. 수백 마리가 바람을 타고 날아가는 모습을 보면 놀랍고 신기해.

벌매

알락개구리매

새매

솔개

왕새매

조롱이

참매

또 다른 나그네새는 갯벌이나 습지에서 만날 수 있는 도요새와 물떼새야. 먼 거리를 날아가다가 우리나라 갯벌에 잠시 들러 먹이를 먹고 체력을 보충해. 갯벌에서는 수만 마리의 도요새가 먹이를 먹거나 날아가는 멋진 모습을 볼 수 있지.

갯벌에서 쉬는 다양한 **도요새**와 **물떼새**

논에서 먹이를 찾는 **흑꼬리도요**

도요새와 물떼새의 먹이터 유부도에서 멋지게 나는 **검은머리물떼새**

길 잃은 새 이야기

원래는 우리나라에 찾아오지 않는 새인데 태풍이나 기상 악화, 신체
이상 등으로 본래의 이동 경로를 벗어나 우리나라에서 발견되는 새를
길 잃은 새라고 해. 길을 잃어버린 아이를 미아라고 하듯이 '미조(迷鳥)'
라고 부르기도 하는데, 무려 140여 종이 발견되었어. 해마다 새로운 새
들의 관찰 기록이 늘어나는데 우리나라에 기록이 한 번도 없었던 새를
국내 미기록종이라고 해.

　길 잃은 새는 봄가을의 이동 시기에 발견되는 경우가 많아. 평소 보
기 드문 새라서 더욱 매력적이지. 국내 미기록종이 발견되는 경우도
있어. 귤빛지빠귀는 2004년 5월 8일 전남 홍도에서 처음 발견한 국내
미기록종이야. 이런 새가 우리나라에 찾아오다니 다시 생각해 보아도

국내 미기록종 **귤빛지빠귀**

75년 만에 다시 발견된 **알락뜸부기**

가슴이 벅차. 만났을 때 국내 미기록종보다 더 기분이 좋았던 새도 있어. 바로 알락뜸부기야. 1900년 초반에 기록이 있다가 그동안 통 볼 수 없었는데 75년 만에 발견되었거든. 뜻밖의 새를 만난다는 건 정말 가슴 떨리는 일이야.

국내 미기록종이었다가 최근 들어 지속적으로 찾아오거나 번식을 하는 경우도 간혹 있어. 검은이마직박구리와 붉은부리찌르레기가 대표적이지. 처음 발견되었을 때는 다시 만날 수 있을까 싶었는데 우리나라에서 번식까지 하다니 꿈만 같아.

국내 미기록종이었다가 번식까지 하게 된 **검은이마직박구리**(위)와 **붉은부리찌르레기**(아래)

파랑딱새

검은꼬리사막딱새

한국밭종다리

금눈쇠올빼미

부채꼬리바위딱새

꼬까직박구리

목점박이비둘기

밤색날개뻐꾸기

나무밭종다리

녹색비둘기

꼬까울새

붉은머리멧새

수염오목눈이

열대붉은해오라기

풀밭종다리

쇠검은머리흰죽지

호사북방오리

흰죽지꼬마물떼새

텃새 이야기

계절의 변화에 따라 이동하는 새를 철새라고 했지? 텃새는 계절에 상관없이 일 년 내내 우리나라에서 볼 수 있는 새야. 텃새는 70여 종이 있는데 철새에 비해서 그리 많지는 않아. 텃새는 우리나라가 참 좋은가 봐. 우리나라 기후와 환경에 잘 적응해서 번식도 하고 겨울도 잘 이겨 내니까 말이야. 텃새는 주변에서 친숙하게 만나는 새가 많아.

텃새는 참새, 박새, 딱새, 붉은머리오목눈이, 물총새, 멧비둘기, 직박구리, 까치, 황조롱이 등이 대표적이야. 대부분 주변에서 쉽게 만날 수 있는 새들이지. 최근 도시에도 야생에서 생활하는 새가 늘어났어. 이런 새들을 도시화했다고 해. 철새들이 깃들여 사는 유명한 곳에서 새를 보는 것도 흥미롭지만, 주변에서 쉽게 눈에 띄는 새를 만나는 것도 소소한 재미가 있는 것 같아. 물론 텃새 중에서도 흑비둘기나 까막딱다구리, 매처럼 멸종 위기에 놓인 새들도 있어. 늘 함께 있는 새이기에 더욱더 잘 보살펴야겠지?

까막딱다구리

매

흑비둘기

이야기 다섯:

새와 함께

마지막으로 새들의 보호에 대한 이야기야.
멸종 위기에 놓인 새들이 점점 늘어나고 있거든.
새를 보호하기 위한 연구 방법과
새를 만나러 가려면 준비해야 하는 것들을
알려 줄게.
아울러 새들이 사라지는 이유와
새들을 보호해야 하는 이유도 들려줄 거야.

새를 연구하는 법

새를 보호하려면 새들의 현재 상황과 생태를 알아야 해. 그래서 조류 연구자들은 다양한 방법으로 새를 조사하고 연구하지. 가장 기본이 되는 조사는 철새 모니터링이야. 어느 지역에 어떤 새가 얼마나 있는지 알아내는 일이지. 조사 결과가 쌓이면 해마다 줄어드는 새를 알 수 있고 새들을 보호하는 기초 자료로 활용할 수 있어.

새를 연구하는 가장 기본은 모니터링

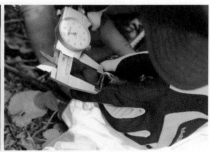

고유 식별 번호가 있는 가락지를   새들의 신체 부위를 잰다.
새의 다리에 끼운다.

    우리나라는 텃새에 비해서 철새가 훨씬 많아. 철새는 여러 나라를 옮겨 다니기 때문에 국제적으로도 중요하지. 그래서 철새의 이동을 많이 연구해. 철새의 이동을 연구하려고 예전부터 가락지를 끼워 조사했어. 새의 다리에 고유 식별 번호가 표시된 가락지를 끼워 다시 날려 보내면 그 새를 발견한 나라에서 연락이 와. 식별 번호에는 가락지를 끼운 날짜, 새 이름, 몸길이 등 다양한 정보가 있거든. 이것을 통해 나라 사이의 이동 경로를 확인할 수 있는 거야.

    새의 다리에 가락지를 끼우는 경우가 많지만 덩치 큰 새들은 목에 끼우는 경우도 있고, 날개에 가락지가 아닌 표시를 하는 경우도 있어. 최근에는 첨단 기술이 발달해서 새의 등 위에 위치 추적기를 달아 이동 경로를 알아내기도 하지. 이 방법으로 새들의 이동 경로를 한눈에 볼 수 있게 되었어.

    그 밖에도 멸종 위기종이나 우리나라에서 번식하는 특정 종을 대상으로 한 생태 연구도 활발히 이루어지고 있어. 새들의 노랫소리를 녹음

도요새에게 가락지를 끼우는 모습

벌매에게 위치 추적기를 다는 모습

해서 소리를 분석하는 연구나 새의 기원을 파악하고 서로의 관계를 분석할 수 있는 유전자 연구도 있지. 이런 다양한 방법의 연구는 새들을 보호하는 데 큰 도움을 주는 자료로 활용한단다.

위치 추적기를 단 어린 **벌매**

위치 추적기를 단 어린 **저어새**

새를 구별하는 법

새를 만나면 먼저 이름이 궁금할 거야. 친구를 사귈 때 맨 먼저 이름이 궁금하듯 새도 이름을 알게 되면 훨씬 쉽게 친해질 수 있어. 새를 잘 알려면 경험이 필요해. 야외에서 많은 시간을 보내고 오랫동안 만나야 하지. 그렇지만 몇 가지를 생각하고 새를 만나면 더 잘 알 수 있을 거야.

물가를 좋아하는 **물총새**

우선, 새들이 살아가는 환경이나 장소를 알아야 해. 새들은 농경지, 숲, 하천, 호수, 갯벌, 바닷가 등 다양한 환경에서 살아. 각각의 환경에 적응하면서 살기 때문에 사는 환경과 종류의 관계를 알면 대략 어떤 종류의 새가 나타날지 알 수 있어. 종류마다 자주 발견되는 장소가 있거든. 새들을 관찰하는 시기도 중요해. 계절에 따라 새의 종류도 달라

계곡을 좋아하는 **검은댕기해오라기**(위)와 **물까마귀**(아래)

지기 때문에 새를 구별하는 데 도움이 많이 되지. 물론 관찰 시기가 아닌데 찾아오는 새들도 간혹 있으니 주의가 필요하긴 해.

새들의 종류를 알아 갈 때 크기가 아주 중요해. 새가 다양한 만큼 크기도 다양하거든. 자세도 종류마다 제각각이라서 꼼꼼히 살펴야 하지. 각 부분의 모양도 종류에 따라 천차만별이니까 전체 모양뿐만 아니라 부리, 꽁지, 날개 모양 등 세심하게 보는 것이 필요해.

사방이 가려져 있는 숲속이나 깜깜한 밤에는 새를 어떻게 구별할 수 있을까? 꽤 많은 새들을 울음소리로 알 수 있어. 특히 뻐꾸기, 벙어리뻐꾸기, 두견이, 매사촌 등 뻐꾸기 종류는 모습을 잘 보여 주지 않기도 하지만 생김새도 너무 비슷해. 하지만 울음소리는 전혀 달라서 쉽게 구별할 수 있어.

어두운 숲속을 좋아하는 **호랑지빠귀**

높은 산의 바위를 좋아하는 **바위종다리**

갈대밭을 좋아하는 **스윈호오목눈이**

새를 만나기 위해

새들을 보려고 나라 곳곳의 철새 도래지를 찾아다니는 사람은 연구자 뿐만이 아니야. 새를 보는 게 좋아서 찾아다니는 사람과 새를 찍는 사람들도 점차 늘어나고 있지. 새를 좋아해서 찾아다니는 사람이 많다는 건 바람직한 일이야. 그런데 새에 대한 배려가 부족해서 새들에게 스트레스를 주지는 않을까 걱정되기는 해.

새를 관찰하는 다양한 모습

어떠한 경우든 새를 아끼는 마음이 있어야 해. 새가 많은 곳에서 소리를 지르거나 재미로 새를 날려 보내는 일이 없었으면 좋겠어. 간혹 가다가 더 멋진 사진을 찍겠다고 새의 둥지를 망가뜨리거나 새를 괴롭히는 사람들도 있더라니까. 새를 만나려면 준비해야 할 것이 많지만 뭐니 뭐니 해도 새에 대한 배려를 잊지 말아야 해.

새를 만나려면 다양한 장비와 도구가 필요해. 그중에서도 쌍안경은 필수야. 새들은 사람보다 눈이 훨씬 좋으니까 새들의 눈에 띄지 않고 멀리서 정확히 관찰하려면 꼭 필요하단다. 더 멀리까지 볼 수 있는 망원경이 있으면 금상첨화지. 새 이름이나 생태를 알려면 여러 가지 도감도 필요해. 사진 도감은 새의 생생한 모습을 볼 수 있고, 그림 도감은 특징을 파악하기 좋아. 만나는 새를 기록할 수 있는 필기구도 준비해야 해. 녹음기로 새소리를 녹음하는 것도 좋지. 야외에서 오랫동안 새를 관찰하려면 따뜻한 외투나 장갑도 필요해.

곤줄박이: 새들을 배려하면 새들과 함께할 수 있다.

새들이 사라진다면

어떤 한 종의 생물이 완전히 사라지는 것을 멸종이라고 해. 두 번 다시 만날 수 없게 되는 거지. 지구상에는 약 1만 종의 새가 살아가는데 수많은 새가 멸종 위기에 놓여 있어. 생태계는 서로 관계를 맺고 있기 때문에 새가 사라진다는 것은 수많은 동식물이 함께 사라지는 것을 의미해.

새가 사라진다는 것은 사람에게도 결코 좋은 일이 아니야. 그런데 새가 사라질 위기에 놓인 이유는 대부분 사람 때문이야. 환경 개발 등

바다에서 기름 피해를 입은 **큰회색머리아비**

바다에서 기름
피해를 입어
집단으로 죽은
바다오리류

낚싯줄에
걸려 죽은
흰수염바다오리

으로 새들의 서식지가 파괴되고, 농약이나 중금속 등으로 환경오염이 심각해졌거든. 사냥으로 인해 죽어 가는 새도 많고, 바다를 지나던 배가 사고가 나서 기름이 흘러나오면 새의 깃털에 기름이 묻어 살아갈 수 없어.

우리나라의 야생에서 자취를 감춘 새들로 원앙사촌, 크낙새, 따오기가 있어. 요즘은 따오기를 복원하려고 노력하고 있지. 어떤 종을 복원하기 위한 노력은 아주 중요해. 다만, 사라지기 전에 먼저 관심을 가지고 주의를 기울였다면 좋았을 것 같아.

넓적부리도요는 전 세계에 수백 마리 정도만 남아 있다고 해. 그들의 서식지가 급격히 파괴되고 있어서 머지않아 멸종될지도 몰라. 여름이면 논에서 쉽게 볼 수 있었던 뜸부기도 최근 들어 많이 줄어들었어.

뜸부기 여름철 논에서 번식하는 모습을 쉽게 볼 수 있었지만 개체 수가 급격히 줄어들어 멸종 위기 Ⅱ급 조류로 보호하고 있다.

서식지 개발로 심각한 멸종 위기에 놓인 **넓적부리도요**

번식 프로그램을 통해 인공 부화된 넓적부리도요(아래)

사진 속의 넓적부리도요는 인공 번식 프로그램을 통해 태어났다.
2016년 6월 13일 이들의 러시아 번식지에서 수거한 총 33개의 알을 대상으로
인공 부화를 시도하였고, 사진 속의 넓적부리도요는 7월 5일에 부화하였다.
자연 적응 훈련을 거쳐 7월 26일 놓아주었는데, 8월 10일까지
번식지 주변에서 관찰되다가 9월에 번식지에서 4,500킬로미터 떨어진
우리나라 울산 바닷가에서 건강한 모습으로 관찰되었다. 연구자들은
이런 방식으로 멸종 위기에 놓인 새들을 복원하고자 노력하고 있다.

참새 아직까지는 많이 볼 수 있는 텃새이지만 줄어드는 속도를 생각하면 언젠가 멸종 위기종이 될지도 모른다.

멸종 위기에 놓였지. 다시 볼 수 없을까 봐 걱정돼. 이렇게 멸종 위기에 놓인 새들을 보호하려고 환경부에서는 멸종위기 야생 생물을 지정해서 보호하고 있어. 천만다행이라고 생각해. 그러나 우리가 모두 중요성을 깨닫고 함께하지 않으면 그들을 지켜 낼 수 없을지도 몰라.

흔하게 볼 수 있었던 참새나 제비마저도 최근에는 엄청나게 줄어들었어. 지금은 볼 수 있지만 머지않아 멸종 위기에 놓이거나 영영 볼 수 없게 될지도 몰라. '새는 아는 만큼 보이고 보이는 만큼 지킬 수 있다'는 말이 있어. 우리가 새에게 관심을 가지고 알아 가는 것만으로도 사라져 가는 새를 지킬 수 있다고 생각해.

친근한 우리새 100종

우리나라에서는 다양한 새를 만날 수 있어. 주변에서 흔히 볼 수 있거나, 만나기 어렵더라도 이름이 친숙한 새들을 사진으로 소개할게. 야외에서 새를 만날 때 도움이 될 거야.

1

꿩
Ring-necked Pheasant

- 꿩과
- 텃새
- 몸길이 :
  수컷 약 95cm,
  암컷 약 60cm

2

큰고니
Whooper Swan

- 오리과
- 겨울새
- 몸길이 : 약 140cm
- 환경부 지정 멸종
  위기 조류 II급

3

큰기러기
Bean Goose

- 오리과
- 겨울새
- 몸길이 : 80~100cm
- 환경부 지정 멸종
  위기 조류 II급

4

쇠기러기
Greater White-fronted
Goose

- 오리과
- 겨울새
- 몸길이 : 63~72cm

5

원앙
Mandarin Duck

- 오리과
- 텃새 또는 겨울새
- 몸길이 :
  큰 것 42.5~45cm

6

청둥오리
Mallard

- 오리과
- 텃새 또는 겨울새
- 몸길이 : 약 57cm

7

흰뺨검둥오리
Spot-billed Duck

- 오리과
- 텃새 또는 겨울새
- 몸길이 : 약 54.5cm

8

고방오리
Northern Pintail

- 오리과
- 겨울새
- 몸길이 :
  수컷 약 75cm,
  암컷 약 56cm

9

쇠오리
Eurasian Teal

- 오리과
- 겨울새
- 몸길이 : 약 37.5cm

10

흰죽지
Common Pochard

- 오리과
- 겨울새
- 몸길이 : 약 45cm

11

검둥오리
Black Scoter

- 오리과
- 겨울새
- 몸길이 : 약 48cm

12

논병아리
Little Grebe

- 논병아리과
- 텃새 또는 겨울새
- 몸길이 : 약 27cm

13

뿔논병아리
Great Crested Grebe

- 논병아리과
- 텃새 또는 겨울새
- 몸길이 : 약 56cm

14

황새
Oriental White Stork

- 황새과
- 겨울새
- 몸길이 : 약 112cm

15

노랑부리저어새
Eurasian Spoonbill

- 저어새과
- 겨울새
- 몸길이 : 약 86cm
- 환경부 지정 멸종
  위기 조류 II급

16

저어새
Black-faced Spoonbill

- 저어새과
- 여름새
- 몸길이 : 약 73.5cm
- 환경부 지정 멸종
  위기 조류 I급

17

검은댕기해오라기
Striated Heron

- 백로과
- 여름새
- 몸길이 : 46.5~52cm

18

해오라기
Black-crowned Night
Heron

- 백로과
- 텃새 또는 여름새
- 몸길이 : 52~56cm

19

황로
Cattle Egret

- 백로과
- 여름새
- 몸길이 : 53~59cm

20

왜가리
Grey Heron

- 백로과
- 텃새 또는 여름새
- 몸길이 : 약 95cm

21

중대백로
Great Egret

- 백로과
- 여름새 또는 겨울새
- 몸길이 :
  86.5~89cm

22

쇠백로
Little Egret

- 백로과
- 여름새
- 몸길이 : 약 61cm

23

노랑부리백로
Chinese Egret

- 백로과
- 여름새
- 몸길이 약 65cm
- 환경부 지정 멸종
  위기 조류 I급

민물가마우지
Great Comorant

- 가마우지과
- 텃새 또는 겨울새
- 몸길이 : 80~100cm

가마우지
Temminck's Cormorant

- 가마우지과
- 텃새
- 몸길이 : 84~92cm

황조롱이
Common Kestrel

- 매과
- 텃새
- 몸길이 :
  수컷 약 33cm,
  암컷 약 36cm

27

매
Peregrine Falcon

- 매과
- 텃새
- 몸길이 :
  수컷 약 38cm,
  암컷 약 51cm
- 환경부 지정 멸종
  위기 조류 I급

28

물수리
Osprey Pandion

- 수리과
- 나그네새 또는
  겨울새
- 몸길이 :
  수컷 약 54cm,
  암컷 약 64cm
- 환경부 지정 멸종
  위기 조류 II급

29

솔개
Black Kite

- 수리과
- 텃새 또는 겨울새
- 몸길이 :
  수컷 약 58.5cm,
  암컷 약 68.5cm
- 환경부 지정 멸종
  위기 조류 II급

흰꼬리수리
White-tailed Eagle

- 수리과
- 겨울새
- 몸길이 :
  수컷 약 84.5cm,
  암컷 약 90cm
- 환경부 지정 멸종
  위기 조류 I급

참수리
Steller's Sea Eagle

- 수리과
- 겨울새
- 몸길이 :
  수컷 76~90cm,
  암컷 86~98cm
- 환경부 지정 멸종
  위기 조류 I급

독수리
Cinereous Vulture

- 수리과
- 겨울새
- 몸길이 약 110cm
- 환경부 지정 멸종
  위기 조류 II급

붉은배새매
Chinese Sparrowhawk

- 수리과
- 나그네새 또는
  여름새
- 몸길이 :
  수컷 약 29.5cm,
  암컷 약 31.5cm
- 환경부 지정 멸종
  위기 조류 II급

말똥가리
Common Buzzard

- 수리과
- 겨울새
- 몸길이 :
  수컷 46~52cm,
  암컷 53~56cm

뜸부기
Watercock

- 뜸부기과
- 여름새
- 몸길이 :
  수컷 약 40cm,
  암컷 약 33cm
- 환경부 지정 멸종
  위기 조류 II급

36

쇠물닭
Common Moorhen

- 뜸부기과
- 텃새 또는 여름새
- 몸길이 : 약 31.5cm

37

물닭
Eurasian Coot

- 뜸부기과
- 텃새 또는 겨울새
- 몸길이 : 약 39cm

38

꼬마물떼새
Little Ringed Plover

- 물떼새과
- 여름새
- 몸길이 : 약 16cm

39

개꿩
Grey Plover

- 물떼새과
- 나그네새 또는
  겨울새
- 몸길이 : 약 29.5cm

40

좀도요
Red-necked Stint

- 도요새과
- 나그네새
- 몸길이 : 약 15cm

41

민물도요
Dunlin

- 도요새과
- 나그네새 또는
  겨울새
- 몸길이 : 약 21cm

42

청다리도요
Common Greenshank

- 도요새과
- 나그네새
- 몸길이 : 약 35cm

43

삑삑도요
Green Sandpiper

- 도요새과
- 나그네새 또는
  겨울새
- 몸길이 : 약 24cm

44

알락도요
Wood Sandpiper

- 도요새과
- 나그네새
- 몸길이 : 약 21.5cm

깝작도요
Common Sandpiper

- 도요새과
- 텃새 또는 여름새
- 몸길이 : 약 20cm

알락꼬리마도요
Far Eastern Curlew

- 도요새과
- 나그네새
- 몸길이 : 약 61.5cm
- 환경부 지정 멸종
  위기 조류 II급

붉은부리갈매기
Black-headed Gull

- 갈매기과
- 겨울새
- 몸길이 : 약 40cm

괭이갈매기
Black-tailed Gull

- 갈매기과
- 텃새
- 몸길이 : 47~52.5cm

갈매기
Common Gull

- 갈매기과
- 겨울새
- 몸길이 : 약 45cm

재갈매기
Vega Gull

- 갈매기과
- 겨울새
- 몸길이 : 55~67cm

51

쇠제비갈매기
Little Tern

- 갈매기과
- 나그네새 또는
  여름새
- 몸길이 : 약 28cm

52

흑비둘기
Black Woodpigeon

- 비둘기과
- 텃새
- 몸길이 : 약 40cm
- 환경부 지정 멸종
  위기 조류 II급

53

멧비둘기
Oriental Turtle Dove

- 비둘기과
- 텃새
- 몸길이 : 31~33cm

물총새
Common Kingfisher

- 물총새과
- 텃새
- 몸길이 : 약 17cm

청호반새
Black-capped Kingfisher

- 물총새과
- 여름새
- 몸길이 : 약 32cm

후투티
Common Hoopoe

- 후투티과
- 텃새 또는 여름새
- 몸길이 : 약 26cm

청딱다구리
Grey-Headed
Woodpecker

- 딱다구리과
- 텃새
- 몸길이 : 약 30cm

까막딱다구리
Black Woodpecker

- 딱다구리과
- 텃새
- 몸길이 : 약 45.5cm
- 환경부 지정 멸종
  위기 조류 II급

오색딱다구리
Great Spotted
Woodpecker

- 딱다구리과
- 텃새
- 몸길이 : 약 24cm

60

쇠딱다구리
Japanese Pygmy
Woodpecker

- 딱다구리과
- 텃새
- 몸길이 : 약 15cm

61

팔색조
Fairy Pitta

- 팔색조과
- 여름새
- 몸길이 : 약 18cm
- 환경부 지정 멸종
  위기 조류 II급

62

때까치
Bull-headed Shrike

- 때까치과
- 텃새
- 몸길이 : 약 20cm

꾀꼬리
Black-naped Oriole

- 꾀꼬리과
- 여름새
- 몸길이 : 약 27cm

어치
Eurasian Jay

- 까마귀과
- 텃새
- 몸길이 :
  33.5~35.5cm

까치
Black-billed Magpie

- 까마귀과
- 텃새
- 몸길이 : 43~48cm

66

큰부리까마귀
Large-billed Crow

- 까마귀과
- 텃새
- 몸길이 : 약 56.5cm

67

쇠박새
Marsh Tit

- 박새과
- 텃새
- 몸길이 :
  11.5~12.5cm

68

진박새
Coal Tit

- 박새과
- 텃새
- 몸길이 : 10.5~11cm

69

박새
Great Tit

- 박새과
- 텃새
- 몸길이 : 14~15cm

70

곤줄박이
Varied Tit

- 박새과
- 텃새
- 몸길이 :
  13.5~14.5cm

71

제비
Barn Swallow

- 제비과
- 여름새
- 몸길이 : 약 17cm

오목눈이
Long-tailed Tit

- 오목눈이과
- 텃새
- 몸길이 :
  13.5~14.5cm

직박구리
Brown-eared Bulbul

- 직박구리과
- 텃새
- 몸길이 : 27~29cm

개개비
Oriental Reed Warbler

- 휘파람새과
- 여름새
- 몸길이 :
  18.5~19.5cm

75

노랑눈썹솔새
Yellow-browed Warbler

- 휘파람새과
- 나그네새 또는
  여름새
- 몸길이 : 약 10.5cm

76

붉은머리오목눈이
Vinous-throated
Parrotbill

- 붉은머리오목눈이과
- 텃새
- 몸길이 : 13~13.5cm

77

동박새
Japanese White-eye

- 동박새과
- 텃새
- 몸길이 : 약 12.5cm

굴뚝새
Winter Wren

- 굴뚝새과
- 텃새
- 몸길이 : 약 11cm

79

동고비
Eurasian Nuthatch

- 동고비과
- 텃새
- 몸길이 : 약 13.5cm

80

찌르레기
White-cheeked Starling

- 찌르레기과
- 여름새 또는 겨울새
- 몸길이 : 약 24cm

81

흰배지빠귀
Pale Thrush

- 지빠귀과
- 텃새 또는 여름새
- 몸길이 : 약 24cm

82

개똥지빠귀
Dusky Thrush

- 지빠귀과
- 겨울새
- 몸길이 : 23~25cm

83

쇠유리새
Siberian Blue Robin

- 솔딱새과
- 여름새
- 몸길이 : 약 14cm

유리딱새
Orange-flanked Blue
Robin

• 솔딱새과
• 나그네새 또는
  겨울새
• 몸길이 : 약 14cm

딱새
Daurian Redstart

• 솔딱새과
• 텃새
• 몸길이 : 14~15.5cm

바다직박구리
Blue Rock Thrush

• 솔딱새과
• 텃새
• 몸길이 : 약 25.5cm

87

흰눈썹황금새
Yellow-rumped
Flycatcher

- 솔딱새과
- 여름새
- 몸길이 : 약 13cm

88

큰유리새
Blue-and-White
Flycatcher

- 솔딱새과
- 여름새
- 몸길이 : 약 16.5m

89

물까마귀
Brown Dipper

- 물까마귀과
- 텃새
- 몸길이 : 약 22cm

90

참새
Eurasian Tree Sparrow

- 참새과
- 텃새
- 몸길이 : 14~14.5cm

91

노랑할미새
Grey Wagtail

- 할미새과
- 여름새
- 몸길이 : 약 20cm

92

알락할미새
White Wagtail

- 할미새과
- 여름새
- 몸길이 : 약 21cm

힝둥새
Olive-backed Pipit

- 할미새과
- 나그네새, 여름새, 겨울새
- 몸길이 : 16~17cm

되새
Brambling

- 되새과
- 겨울새
- 몸길이 :
  15.5~16.5cm

방울새
Grey-capped
Greenfinch

- 되새과
- 텃새
- 몸길이 :
  13.5~14.5cm

96

검은머리방울새
Eurasian Siskin

- 되새과
- 겨울새
- 몸길이 : 약 12.5cm

97

콩새
Hawfinch

- 되새과
- 겨울새
- 몸길이 : 18~19cm

98

쑥새
Rustic Bunting

- 멧새과
- 겨울새
- 몸길이 :
  14.5~15.5cm

99

노랑턱멧새
Yellow-throated
Bunting

- 멧새과
- 겨울새
- 몸길이 : 14.5~16cm

100

촉새
Black-faced Bunting

- 멧새과
- 나그네새 또는
  겨울새
- 몸길이 : 14.5~16cm

미래 세대를 위한
우리 새 이야기

제 1판 제 1쇄 발행일 2017년 10월 30일
제 1판 제 3쇄 발행일 2020년 8월 15일
개정판 제1쇄 발행일 2023년 9월 1일
개정판 제2쇄 발행일 2024년 5월 5일

기획 _ 책도둑(김민호, 박정훈, 박정식)
글 _ 김성현
사진 _ 김성현
디자인 _ 토가 김선태

펴낸이 _ 김은지
펴낸곳 _ 철수와영희
주소 _ 서울시 마포구 월드컵로 65, 302호(망원동, 양경회관)
전화 _ 02-332-0815
전송 _ 02-6003-1958
전자우편 _ chulsu815@hanmail.net
등록 _ 제319-2005-42호

ISBN 979-11-88215-94-2   43490